Reinaldo Hanoi Valdés Reinoso
Bertha Rita Castillo Edua

Medidas propostas para atenuar os danos

Reinaldo Hanoi Valdés Reinoso
Bertha Rita Castillo Edua

Medidas propostas para atenuar os danos

Devido ao encharcamento das plantações de oliveiras na Olive Land Farms.

ScienciaScripts

Imprint
Any brand names and product names mentioned in this book are subject to trademark, brand or patent protection and are trademarks or registered trademarks of their respective holders. The use of brand names, product names, common names, trade names, product descriptions etc. even without a particular marking in this work is in no way to be construed to mean that such names may be regarded as unrestricted in respect of trademark and brand protection legislation and could thus be used by anyone.

Cover image: www.ingimage.com

This book is a translation from the original published under ISBN 978-613-9-40585-5.

Publisher:
Sciencia Scripts
is a trademark of
Dodo Books Indian Ocean Ltd. and OmniScriptum S.R.L publishing group

120 High Road, East Finchley, London, N2 9ED, United Kingdom
Str. Armeneasca 28/1, office 1, Chisinau MD-2012, Republic of Moldova, Europe
Printed at: see last page
ISBN: 978-620-7-76430-3

PROPOSTA DE MEDIDAS PARA MITIGAR OS DANOS CAUSADOS PELO ALAGAMENTO NAS PLANTAÇÕES DE OLIVEIRAS NAS EXPLORAÇÕES OLIVÍCOLAS".

AUTORES

DR. C. REINALDO HANOI HANOI VALDES REINOSO [1]

DR. C. BERTHA RITA CASTILLO [EDUA2]

[1]PHD EM CIÊNCIAS FLORESTAIS. PROJECTO 8470 COLABORADOR. HASTINGS LA FLORIDA ORCID REYVR1806@GMAIL.COM (ORCID 0000-0003-3582-0239)

[2]PHD EM CIÊNCIAS FLORESTAIS. FACULDADE DE CIÊNCIAS FLORESTAIS. UNIVERSIDADE DE PINAR DEL RÍO "HERMANOS SAIZ MONTES DE OCA". CUBA. CASTILLOBERTHARITA@GMAIL.COM (ORCID 0000-0002-8011-0175)

PENSAMENTO

2

*"A paz começa com um sorriso e consolida-se com um **ramo de oliveira...** símbolo de paz, sabedoria e longevidade".*

AGRADECIMENTOS

3

A todos aqueles que contribuíram para esta realização:
Muito obrigado

DEDICAÇÃO

Aos nossos filhos

RESUMO

A cultura da oliveira tem demonstrado resistência às alterações de algumas variáveis climáticas, sendo capaz de obter rendimentos satisfatórios em condições edafoclimáticas, paisagísticas e de gestão relativamente adversas. O objetivo desta investigação é propor medidas para a gestão das oliveiras em condições de alagamento em Olive Land Farms localizadas no estado da Florida. Foi realizado um diagnóstico da área em estudo para identificar o estado atual do olival em zonas alagadas. Foi efectuado um diagnóstico para analisar a situação da plantação tendo em conta as variáveis variedade, estado da planta e altura. Para determinar a relação entre a variedade e o estado das plantas, foi efectuada uma análise de $Chi2$, e uma análise de variância de um fator para a variedade - altura das plantas. As diferenças estatísticas entre as médias foram identificadas utilizando o teste PostHoc de Tukey ($p<0,05$). O resultado do diagnóstico revelou que existe uma afetação causada pelo período de encharcamento a que as plantas foram sujeitas e que não existe relação entre as variedades e o estado das plantas, mas foi observada uma relação relativamente à altura e à variedade. Foram propostas medidas como a criação de sistemas de drenagem, a execução de trabalhos culturais adequados, a seleção de espécies e variedades com maior resistência ao alagamento e a manutenção de um bom estado fitossanitário das plantações, bem como a criação de zonas de alagamento temporário controlado e o controlo de doenças.

Palavras chave: Oliveira, condições edafoclimáticas, encharcamento, alterações climáticas.

ÍNDICE

INTRODUÇÃO

As alterações climáticas são um desafio global que afecta todo o planeta e compreender como adaptar as culturas, como os olivais, é crucial para garantir a sustentabilidade e a segurança alimentar.

A oliveira é cultivada em muitas partes do mundo, das quais a bacia mediterrânica ocupa 98% da superfície total, 1,2% nas Américas, 0,4% na Ásia Oriental e outros 0,4% na Oceânia (Camacho, 2019). No total, distribui-se por 11 milhões de hectares (0,25% do total das terras cultivadas e 25% do total das culturas permanentes) com uma produção média anual entre 2,5 e 3 milhões de toneladas. A maior parte destas culturas é de sequeiro (70%) e extensiva (72%), sendo os restantes 28% objeto de algum tipo de intensificação (intensiva e superintensiva). Além disso, a maior parte destina-se à produção de azeite (87%) e apenas 13% à produção de azeitona de mesa. Destaca-se a área cada vez mais incipiente de olivais biológicos.

A estrutura do sistema radicular varia de acordo com o tipo de propagação do material. As plântulas têm uma raiz axial nas fases iniciais de desenvolvimento (Guerrero, 2003); contudo, nas plantações comerciais, a maioria das árvores é obtida através do enraizamento de estacas. A profundidade, a expansão lateral e o grau de ramificação dependem do tipo e das características do solo, incluindo o teor de água e a capacidade de arejamento. As raízes exigem muito mais oxigénio, que por vezes não conseguem encontrar se o solo estiver encharcado (Barranco et al., 2008).

A azeitona continua a ser uma espécie de grande interesse em todo o mundo porque é a cultura de árvores oleaginosas economicamente mais importante nas zonas temperadas (Díez et al., 2016). Nos Estados

Unidos, a Flórida pode ser a próxima região agrícola para a produção comercial de azeitona em pequena escala, seguida pela Califórnia, que tem mais de 30.000 acres dedicados à produção da matéria-prima. Nos últimos anos, 25 cultivares comerciais de azeitona foram plantadas em 30 locais de investigação e pomares privados em toda a Flórida, onde as respostas da azeitona às condições climáticas são necessárias para desenvolver a indústria local (Ross, 2023).

A capacidade da oliveira para sobreviver a períodos prolongados de seca, situação comum na zona mediterrânica, é bem conhecida. No entanto, quando recebe água em quantidade e qualidade adequadas, o rendimento da produção de frutos aumenta consideravelmente (Domenech, 2020).

A oliveira é uma cultura de clima mediterrânico, caracterizada por um regime de baixa precipitação irregularmente distribuída no tempo e na intensidade (Barranco et al., 2017, Lorite et al; 2019). Por conseguinte, a escassez de água é o principal fator limitante da produtividade da oliveira. Paradoxalmente, a água também causa sérios danos quando ocorre de forma persistente ou com forte intensidade, eventos que ocorrem com relativa frequência, como é o caso do Estado da Flórida, onde chuvas intensas ocorrem em decorrência das mudanças climáticas, levando a períodos intensos de encharcamento dos solos da região.

O encharcamento é causado por inundações, que são transbordamentos temporários de água em terrenos normalmente secos. As inundações são o tipo de catástrofe natural mais comum nos Estados Unidos, causando perdas significativas de nutrientes solúveis em água e dificultando a absorção de alguns minerais do solo. Além disso, a falta de oxigénio é muito prejudicial para a população microbiana (e aeróbica) do solo (Salgado et al; 2019).

O mesmo autor afirma que o primeiro sintoma dos danos causados pelo encharcamento é o encerramento dos estomas, que acaba por conduzir à murchidão da planta. O efeito implícito do encerramento dos estomas é que a planta deixa de transpirar e de efetuar a fotossíntese (ou respiração), o que a impede de mobilizar nutrientes, de os gerar ou de se termoregular. Assim, as plantas sujeitas a hipoxia podem apresentar alguns ou vários destes sintomas: murchidão, perda de folhas, redução do crescimento, clorose foliar, senescência e morte da planta (Salgado et al, 2019).Verificou-se que as oliveiras são sensíveis ao encharcamento e a temperaturas inferiores a -10oC (Camacho, 2019). Os danos causados pelas inundações nas culturas são sempre proporcionais ao tempo de permanência da água na parcela cultivada, mas a resistência das culturas varia em função de vários critérios como a espécie, a idade da planta, o estado fisiológico e a frequência das inundações (quanto maior a frequência, maiores os danos, devido à acumulação de efeitos). A variabilidade da humidade do solo afecta diretamente o crescimento das plantas; com uma baixa absorção de água, a absorção de nutrientes é também reduzida, o que se traduz numa menor taxa de crescimento da cultura e, consequentemente, num menor rendimento. Para melhorar as condições do solo face ao risco de inundação, podem ser realizadas acções como a criação de sistemas de drenagem, execução de trabalhos culturais adequados, criação de faixas de proteção natural junto ao leito do rio, reorganização e rotação de culturas, seleção de espécies e variedades com maior resistência à inundação e manutenção de um bom estado fitossanitário das plantações, bem como a criação de zonas de inundação controlada (Salgado et al, 2019).

Em Hastings, situada no estado da Florida, no período compreendido entre agosto de 2023 e janeiro de 2024, registaram-se numerosas inundações causadas por chuvas intensas que deixaram o solo encharcado, sendo o encharcamento um dos danos que mais afectam a cultura da oliveira.

O objetivo desta investigação é propor medidas que contribuam para a mitigação dos danos causados pelo encharcamento nas plantações de oliveiras das Olive Land Farms localizadas no estado da Florida.

DESENVOLVIMENTO

2.1. Impactos das alterações climáticas na produção de oliveiras

As alterações climáticas estão a afetar a disponibilidade de água. Os padrões erráticos de precipitação e as temperaturas mais elevadas podem conduzir a secas ou inundações, ambas devastadoras para a agricultura. Estudos científicos documentaram os efeitos positivos da cultura da oliveira no ambiente. Para além do papel das oliveiras na salvaguarda da biodiversidade, na melhoria dos solos e como barreira à desertificação, há provas de que práticas agrícolas específicas têm a capacidade de aumentar o CO2 atmosférico fixado nas estruturas vegetativas permanentes (biomassa) e no solo (Granitto, 2016).As publicações parciais do Sexto Relatório do Painel Intergovernamental sobre Alterações Climáticas (IPCC), em agosto de 2021, alertam para o agravamento da situação climática, com as recentes inundações em vários países do mundo e os conhecidos episódios de chuvas torrenciais, as alterações climáticas têm muito a ver com este fenómeno que se manifesta em eventos extremos, como a alteração dos padrões de precipitação, o aumento das temperaturas e as secas prolongadas que afectam a segurança alimentar. O alagamento afecta a agricultura, reduzindo a qualidade do solo e a produtividade de muitas culturas (Fisher, 2021). As previsões de alteração dos padrões e da intensidade da precipitação prevêem a ocorrência de inundações em várias partes do mundo, especialmente no norte dos Andes e mais frequentemente a altitudes mais elevadas, enquanto nas terras baixas e no sul da América do Sul as inundações serão reduzidas. Além disso, estima-se que 13% das terras da América Latina se caracterizam por uma drenagem deficiente devido à sua fisiografia, o que favorece as inundações. O maior perigo é para as plantações próximas dos rios, que não dependem apenas das alterações climáticas, mas também da ocorrência de factores ambientais como chuvas fortes, tempestades, transbordamento dos rios e irrigação excessiva. Os incidentes de alagamentos e inundações têm aumentado em frequência e são imprevisíveis em todo o mundo, especialmente devido à precipitação errática e imprevisível. sazonal. As estações chuvosas em solos mal drenados produzem condições anaeróbicas que são prejudiciais para as raízes das plantas. O oxigénio em terras inundadas diminui porque a difusão de gases na água é 10.000 vezes mais lenta em comparação com solos bem arejados, o que gera uma crise de energia para os tecidos radiculares devido ao ambiente anóxico, levando à morte da planta. Além disso, a deficiência de O2 no solo prejudica as comunidades microbianas e reduz numerosos nutrientes oxidados (NO3-, Fe3+, SO4 2-), gerando níveis elevados de compostos reduzidos (Mn2+, Fe2+, NH4+, H2S) e compostos orgânicos que podem ser tóxicos para as plantas.Nas plantas, para além do efeito na absorção de nutrientes e de água devido à deficiência energética, o impacto mais grave é na fotossíntese devido à redução da condutância estomática e ao encerramento dos estomas, bem como à redução do crescimento das folhas, à clorose, à queimadura das folhas e, finalmente, à queda das folhas. Condições de humidade excessiva do solo favorecem a incidência de agentes patogénicos. É também importante ter em conta que a temperatura elevada do solo e/ou da água e a radiação solar elevada durante o encharcamento aumentam o seu efeito adverso nas plantas (figura 1).

Figura 1 Terreno alagado nas explorações agrícolas de Olive Land

Fonte: Elaboração própria

O encharcamento causado pelas inundações pode afetar a agricultura, reduzindo a qualidade do solo e a produtividade de muitas culturas. No caso específico das culturas olivícolas, este fenómeno pode ter consequências negativas. Por exemplo, na Olive Land Farms, localizada no estado da Florida, EUA, **foram observados** danos devido ao encharcamento a que as plantas de oliveira foram expostas. Os fenómenos extremos devidos ao encharcamento de terras agrícolas continuarão a aumentar, mesmo em locais onde antes não eram esperados, pelo que é necessária uma abordagem multifacetada, que inclua a criação de variedades e porta-enxertos tolerantes, estudos da fisiologia da planta encharcada e medidas de gestão adequadas para fazer face a este risco climático, como a drenagem de terras.

2.2. Drenagem de terrenos alagados

A drenagem do solo é uma técnica muito importante para manter a saúde das plantas e evitar a acumulação de água em zonas indesejadas. Os drenos são sistemas que permitem o escoamento da água para fora do solo, evitando assim a sua saturação. Existem vários tipos de drenos e a sua instalação depende do tipo de solo e da utilização da área.

Tipos de drenagem

A drenagem natural é a mais comum e ocorre naturalmente quando a água se infiltra no solo e se evapora. No entanto, em algumas áreas, o solo pode estar demasiado húmido e são necessárias técnicas de drenagem adicionais.

A drenagem subterrânea é um dos métodos mais eficazes de drenagem do solo. Uma rede de tubos subterrâneos é utilizada para recolher a água que se acumula no solo e transportá-la para fora da área. Este tipo de drenagem é muito útil em áreas com solos argilosos ou compactados. A drenagem superficial é outro método popular. Este tipo de drenagem utiliza canais ou valas para recolher a água que se acumula na superfície do solo e transportá-la para fora da área. É especialmente eficaz em áreas com solos arenosos ou declives acentuados.

Para drenar os solos encharcados e mantê-los saudáveis, é importante seguir uma série de passos fundamentais:

1. Identificar a causa do encharcamento:

Antes de iniciar qualquer trabalho de drenagem, é essencial identificar a razão pela qual está a ocorrer um alagamento no solo. Pode ser devido a chuvas fortes, mau tempo

drenagem natural, solos argilosos, entre outras causas. Esta informação ajudá-lo-á a determinar a melhor solução.

2. Melhorar a estrutura do solo:

Se o problema for devido a solos compactados ou argilosos, é aconselhável trabalhar para melhorar a estrutura do solo. Isto pode ser conseguido através da adição de matéria orgânica, como composto ou turfa, que ajudará a melhorar a infiltração da água e a reduzir o encharcamento.

3. Instalar sistemas de drenagem:

Para os casos mais graves, pode ser necessário instalar sistemas de drenagem, tais como valas de drenagem, tubos perfurados ou poços de drenagem. Estes sistemas ajudarão a desviar o excesso de água e a manter o solo num estado saudável para as plantas.

4. Escolha plantas que sejam tolerantes ao excesso de água:

Uma vez drenado o solo, é importante escolher plantas que tolerem o excesso de água, como os nenúfares, as íris ou os jacintos de água. Estas plantas não só sobreviverão em condições de solo húmido, como também ajudarão a absorver o excesso de água e a manter o equilíbrio do jardim.

Identificação da causa da acumulação de água no solo

Identificar a causa da acumulação de água é o primeiro passo crucial para resolver o problema dos solos encharcados e determinar a razão por detrás desta acumulação permitirá aplicar eficazmente as soluções correctas.

Algumas das causas possíveis da acumulação de água no solo incluem:

Má drenagem do solo: Quando o solo é compactado ou argiloso, a água tende a acumular-se à superfície em vez de se infiltrar corretamente.

A topografia do terreno: Se o seu jardim estiver numa encosta ou numa zona baixa, é provável que a água se acumule em certas zonas.

Sistemas de drenagem entupidos: Tubos de drenagem entupidos ou mal mantidos podem levar à acumulação de água no jardim.

Uma vez identificada a causa específica da acumulação de água, podem ser seleccionadas as estratégias de drenagem mais adequadas para resolver eficazmente o problema.

Estratégias para melhorar a drenagem no terreno

Instalação de drenos subterrâneos: Permite a recolha e o desvio de água para áreas de drenagem designadas.

Criação de valas de drenagem: Ajuda a redirecionar a água das zonas alagadas para locais onde possa ser absorvida pelo solo.

Melhoramento do solo: Adicionar matéria orgânica ou areia ao solo para melhorar a sua capacidade de drenagem.

Seleção de ferramentas para drenagem de terrenos alagados

Selecionar as melhores ferramentas para drenar terrenos alagados é essencial para garantir que o processo de drenagem é eficaz e eficiente. Ter as ferramentas certas facilitará o trabalho e ajudará a obter os melhores resultados na melhoria da saúde do solo.

1. Pás e enxadas:

Estas ferramentas são essenciais para escavar trincheiras e abrir canais de drenagem em solos alagados. Uma pá com uma ponta afiada facilitará a tarefa de remover o solo e criar os canais necessários para a drenagem da água acumulada.

2. Nível de bolha:

A utilização de um nível de bolha de ar ajudará a garantir que as inclinações que está a criar no solo são adequadas para encaminhar a água para as áreas de drenagem. A manutenção de uma inclinação uniforme nas valas é fundamental para uma drenagem eficaz.

3. Tubos de drenagem:

Os tubos de drenagem são essenciais para canalizar a água para fora das zonas alagadas. Pode optar por tubos perfurados que permitem que a água se infiltre lentamente no solo circundante ou por tubos lisos para uma drenagem mais rápida e direta.

4. Cascalho ou pedras de drenagem:

Colocar uma camada de cascalho ou pedras no fundo das valas de drenagem ajudará a evitar o entupimento dos tubos e facilitará o fluxo de água através do sistema de drenagem. O cascalho também ajuda a evitar a erosão do solo nas áreas de drenagem.

5. Nivelador de solo:

A utilização de um nivelador de solo permite-lhe assegurar que a superfície do solo esteja uniforme após a conclusão do processo de drenagem. Isto é importante para evitar a formação de novas zonas de alagamento no seu jardim.

Ao escolher as ferramentas para drenar o solo encharcado, é importante considerar a extensão do problema de encharcamento, o tamanho do seu jardim e as suas competências de jardinagem. Em caso de dúvida, é sempre aconselhável consultar um profissional para obter orientações específicas.

Implementação de um sistema de drenagem eficaz.

A implementação de um sistema de drenagem eficaz é essencial para evitar problemas como o encharcamento, que pode danificar as plantas e o solo. Seguem-se os passos fundamentais para conseguir uma drenagem óptima e manter o solo saudável:

1. Identificar áreas problemáticas

Antes de iniciar a instalação do sistema de drenagem, é essencial identificar as zonas com tendência para o alagamento. Isto pode ser feito observando onde a água se acumula depois de uma chuva forte ou quando se regam as plantas. A marcação destas zonas ajuda a planear eficazmente a localização dos drenos.

2. Escolher o tipo correto de drenagem

Existem diferentes tipos de sistemas de drenagem, como os drenos franceses, os drenos e as valas de infiltração. É importante selecionar o tipo que melhor se adapta às necessidades do seu jardim e ao nível de encharcamento que tem. Por exemplo, os drenos franceses são ideais para zonas com problemas de acumulação de águas superficiais.

3. Preparar o terreno

Antes de instalar o sistema de drenagem, é fundamental preparar corretamente o terreno. Esta preparação pode envolver a abertura de valas, a perfuração de tubos ou a instalação de drenos, consoante o tipo de drenagem escolhido. Certifique-se de que dispõe das ferramentas necessárias e siga à risca as instruções de instalação.

4. Instalar o sistema de drenagem

Quando o terreno estiver pronto, procede-se à instalação do sistema de drenagem de acordo com o projeto previamente planeado. É importante garantir que os tubos sejam colocados corretamente e que os drenos drenem a água de forma eficiente. Um bom sistema de drenagem assegurará que o excesso de água seja drenado para longe das raízes das plantas, evitando danos devido ao encharcamento.

5. Efetuar testes e ajustamentos

Após a instalação, é aconselhável efetuar testes para garantir que o sistema de drenagem está a funcionar corretamente. Simular uma chuva ou regar o olival e observar como a água flui através do sistema. Efetuar os ajustamentos necessários para melhorar a eficácia da drenagem e assegurar que todas as zonas problemáticas são cobertas.

2.3. A oliveira. As suas características

Figura 2 Oliveira

Fonte: aceitedeoliva.com

A Olea europea L (oliveira) é uma espécie arbórea pertencente à família botânica Oleaceae, distribuída nas regiões tropicais e temperadas. É a única oleácea comestível e é cultivada no Mediterrâneo há mais de 6.000 anos. É constituída por 29 géneros e cerca de 600 espécies espalhadas por quase todo o mundo. Dentro desta grande família podemos encontrar espécies tão conhecidas como o freixo (Fraxinus angustifolia), o jasmim (Jaminum officinalis), o lilás (Syringa vulgaris), o ligustro (Ligustrum sp.), e outras do género Forsythia e Osmuanthus.[1]

O género Olea é composto por mais de 30 espécies, todas elas provenientes de zonas com condições de crescimento relativamente difíceis (Zohary, 1973). A maioria são arbustos ou árvores. A única espécie com frutos comestíveis é a Olea euopaea, à qual pertence a oliveira. Existe controvérsia sobre a forma de subclassificar as espécies, mas considera-se geralmente que as oliveiras cultivadas pertencem à subespécie sativa e as oliveiras selvagens à subespécie sylvestris (Barranco-Navero et al., 2017).

Esboço botânico:

Família: Oleaceae.

Género: Olea.

Espécies: Olea europaea. Olea europaea var. sylvestris (oliveira brava)

Olea europaea var. sativa (oliveira cultivada)[2]

Olea europaea var. sativa ou Olea sylvetris distribui-se em Espanha, Portugal, Norte de África, Sicília, Crimeia, Cáucaso, Arménia e Síria. A subespécie Laperrini ocorre no Norte de África, desde as montanhas do Atlas marroquino até à Líbia, e é encontrada espontaneamente mesmo a uma altitude de 2.700 m.

Nos últimos estudos sobre variedades de oliveira em Espanha, realizados pelo Departamento de Agronomia da Universidade de

Córdova (1972-1992), foram identificadas 262 variedades ou cultivares de oliveira em Espanha, das quais 24 predominam e são as mais conhecidas.

"Esta diversidade deve-se provavelmente à origem autóctone das variedades, que levou à escolha de cultivares diferentes em cada zona, e a certos factores que mantiveram a situação morfogenética inicial. A homogeneidade genética dentro das variedades cultivadas é muito marcada devido aos processos de propagação vegetativa utilizados.

2.4. Características da oliveira

A oliveira é uma árvore de folha perene que, em condições adequadas, pode atingir 15 metros de altura. De facto, o tronco sinuoso com a sua casca escura e rugosa pode atingir um raio de mais de 100 cm nas plantas adultas.

O caule é um tronco curto que se ramifica irregularmente para formar uma copa muito apertada. O tronco apresenta protuberâncias particulares devido ao seu crescimento lateral permanente e uma casca de cor cinzento-esverdeada.

A planta garante a fixação através de uma raiz principal forte. Possui um grupo de raízes de absorção que garantem a absorção da água e dos nutrientes.

A ramificação da oliveira está organizada em ramos de primeira, segunda e terceira ordem. O tronco e os ramos de primeira ordem formam a estrutura principal, os ramos secundários, menos volumosos, suportam os ramos terciários, onde se desenvolvem os frutos.

As folhas simples, persistentes, lanceoladas ou elípticas, de margens rectas, são de consistência coriácea e de cor verde brilhante. Na face inferior, a cor é acinzentada, com tricomas abundantes cuja função é controlar a circulação da água e filtrar a luz.

As flores branco-amareladas são constituídas por um cálice com quatro sépalas persistentes em forma de taça, unidas na base. A corola tem quatro pétalas branco-creme, mutuamente concrescentes, e dois estames curtos com duas anteras amarelas.

As inflorescências são agrupadas em cachos que surgem das axilas das folhas, contendo entre 10-40 flores numa ráquis central. O fruto é uma drupa globosa de 1-4 cm de cor verde que se torna preta, avermelhada ou arroxeada quando madura. O fruto (a azeitona) contém uma única semente grande. Esta azeitona caracteriza-se por um pericarpo carnudo, oleaginoso e comestível e um endocarpo espesso, rugoso e duro.

Foram descritas seis subespécies de Olea europaea que ocorrem naturalmente, com uma ampla distribuição geográfica:

África Ocidental e Sudeste da China: Olea europaea subsp. cuspidata.

Argélia, Sudão, Níger: Olea europaea subsp. laperrinei.

Ilhas Canárias: Olea europaea subsp. guanchica.

Bacia mediterrânica: Olea europaea subsp. europaea. Madeira: Olea europaea subsp. cerasiformis (tetraploide). Marrocos: Olea europaea subsp. maroccana (hexaplóide).

2.5. Etimologia

A palavra "oliveira" provém do latim "olfvum", que se refere à mesma árvore. Por sua vez, este termo latino é um empréstimo do grego "éÀ mov", que tem significados diferentes consoante o seu género. Por exemplo, a forma neutra de "éÀ mov" refere-se ao produto do azeite. Além disso, desde a antiguidade, a oliveira é considerada um símbolo de paz e, na etimologia popular, a palavra grega "elaion" (azeite) está relacionada com "eleos" (misericórdia).

2.6. Habitat e distribuição do olivo

A oliveira é originária do sul do Cáucaso, dos planaltos da Mesopotâmia, da Pérsia e da Palestina, incluindo a costa da Síria, e, evidentemente, da bacia mediterrânica (Espanha, Itália e Grécia). Foi cultivada pela primeira vez há cerca de 7 000 anos em todo o Mediterrâneo e, em 3000 a.C., era cultivada na ilha grega de Creta, acreditando-se que a oliveira era a principal fonte de riqueza desta ilha. Os missionários espanhóis introduziram a cultura nas Américas em meados do século XVI, inicialmente nas Caraíbas e no México. Posteriormente, dispersou-se pela América do Norte (Califórnia) e pela América do Sul (Colômbia, Peru, Brasil, Chile e Argentina). Esta planta cresce numa faixa de 30-45° de latitude norte e latitude sul. Particularmente em regiões climáticas com verões quentes e secos e onde as temperaturas de inverno não descem abaixo de zero.

2.7. Propriedades das azeitonas/azeitonas

O fruto da oliveira, designado por azeitona, é uma baga simples e carnuda, de forma globular ou ovada, consoante a variedade, com 1-3 cm de tamanho. A polpa, ou sarcocarpo espesso, carnudo e oleaginoso, é comestível, e o endocarpo, que contém a semente, é ósseo e firme. As azeitonas necessitam de um processo de cura e maceração para serem consumidas, quer diretamente, quer como guarnição em diversas especialidades gastronómicas. O azeite, uma gordura monoinsaturada com elevado teor de ácido oleico, é extraído da azeitona. O azeite é benéfico para a saúde do sistema cardiovascular, regulando o colesterol.

O azeite tem propriedades digestivas, tem um efeito laxante, diurético, adstringente, colagogo, emoliente, anti-sético, hipotensor e anti-inflamatório. Também é utilizado para aliviar queimaduras, picadas de insectos, entorses e distensões, e para curar doenças das membranas mucosas.

2.8. **Utilizações da oliveira** .

As folhas, os frutos e o óleo desta planta são utilizados há milhares de anos na gastronomia, na medicina tradicional e na decoração, ao ponto de ser considerada a cultura mais valiosa da região mediterrânica. As folhas são utilizadas como antissético, adstringente e para acalmar a febre e os arranhões da pele, embora também se acredite que seja um remédio para a hipertensão. Os frutos devem ser macerados antes de serem consumidos, mas algumas variedades podem ser consumidas depois de secas. São consumidos como aperitivo ou como acompanhamento de muitos pratos, pois são um ingrediente básico da cozinha mediterrânica. As azeitonas contêm cerca de 40% ou mais de azeite, que é extraído após a colheita e utilizado na culinária, como remédio natural e como tratamento cosmético. Dá sabor e textura a saladas, molhos e maionese, bem como a pizzas e massas.
É também utilizado no tratamento da obstipação, úlceras pépticas, queimaduras, comichão e caspa, entre outros. Por ser rica em ácido oleico, acredita-se que seja benéfica para a saúde cardiovascular. Para além disso, a madeira da árvore é útil como combustível e matéria-prima

para mobiliário e construção, e a árvore pode ser plantada como motivo ornamental.

2.9. Doenças da oliveira e seu tratamento natural

Embora existam muitas doenças que podem afetar as oliveiras, há algumas doenças que são as mais importantes em termos de danos e número de ataques. Para além disso, há também um grande número de pragas que causam prejuízos, como é o caso da erva-leiteira da oliveira, embora estas não sejam consideradas doenças propriamente ditas.

Asfixia radicular da oliveira

O excesso de humidade no solo não é benéfico para a oliveira. A asfixia das raízes pode causar enfraquecimento, clorose, folhas amarelas, queda da azeitona, desfoliação e crescimento de fungos no tronco da oliveira.

Repilo

De nome científico Cycloconium oleaginea, é uma das doenças mais graves que podem afetar a cultura da oliveira. Esta doença provoca a queda das folhas das oliveiras, bem como uma redução significativa da produção de frutos e, a longo prazo, um enfraquecimento geral da árvore. O sintoma mais visível é o aparecimento de manchas circulares nas folhas, que por vezes também se podem ver nos frutos. As folhas acabam por adquirir uma cor esbranquiçada e caem prematuramente.

Não existem variedades de oliveira completamente resistentes a este fungo e, uma vez que a praga tenha aparecido, não há nada a fazer senão aplicar fungicidas, que devem ser utilizados no outono e no final do inverno. É importante concentrar a aplicação do fungicida na parte inferior da copa.

Verticilose

A Verticillium é outra doença muito perigosa para a oliveira, tendo os casos aumentado muito nas últimas épocas. É bastante difícil de combater e está presente em toda a bacia mediterrânica, com especial incidência na Andaluzia.

O fungo entra na planta através de feridas ou através das raízes e o primeiro sintoma que produz é a descoloração das folhas, que se enrolam em torno do nervo central. As flores e os frutos acabam também por secar, podendo mesmo matar a árvore. É muito perigosa porque se propaga através de um grande número de plantas e pode sobreviver durante mais de uma década no solo. Para o combater, é muito importante não espalhar a infeção através do trabalho do solo e da fertilização. Além disso, existem variedades que lhe são resistentes. Caso contrário, só podem ser utilizados métodos como a solarização ou substâncias antifúngicas, bem como a poda e o controlo das partes infectadas.

Antracnose da oliveira

A mancha da azeitona ou antracnose é atualmente considerada a doença mais importante que afecta as oliveiras em todo o mundo. Causa grandes prejuízos à cultura, estragando o azeite dos frutos afectados.

Os sintomas são azeitonas com manchas acastanhadas e enrugadas e folhas com partes secas e necróticas, que acabam por secar completamente. Os ramos também secam nas pontas e as inflorescências também podem ser afectadas.

No caso da antracnose, podem ser escolhidas variedades resistentes, como a picual, a árvore deve ser bem ventilada entre os ramos e devem ser aplicados fungicidas. A oliveira requer relativamente poucos cuidados, desde que seja plantada num solo que satisfaça as suas exigências mínimas. É uma espécie que se adapta a solos de baixa fertilidade e arenosos, embora necessite de luz solar suficiente.

Não tolera o frio prolongado, pois pode ocorrer a desfolha das folhas tenras e o aborto dos botões florais. As plantas jovens são mais susceptíveis aos ventos fortes do que as adultas, pelo que necessitam de corta-ventos nas zonas expostas.

A oliveira cresce e desenvolve-se bem em zonas marítimas, no entanto, é suscetível a elevados níveis de salinidade do solo. Embora sensível às geadas, necessita de um nível de temperatura baixo para manter a floração e aumentar a produção.

A rega deve ser contínua nas fases de estabelecimento da cultura e, nas plantas produtivas, a hidratação aumenta a produtividade. O excesso de fertilizantes azotados aumenta a produção de área foliar e o peso da copa, o que pode levar ao tombamento. Recomenda-se a colocação de uma camada ou cobertura vegetal orgânica à volta do caule para manter a humidade e controlar as ervas daninhas. A poda de manutenção é recomendada, deixando três a cinco ramos para facilitar a penetração da luz e da água (Lidefer, 2023).

2.9. Variedades de azeitonas cultivadas nas "Olive Land Farms".

Nas explorações Olive Land, são cultivadas oito variedades de azeitona: Arbequina, Arbosana, Ascolana, Kalamata, Koroneiki, Picual, Manzanilla e Taggiasca (figura 3).

Figura 3 Variedades de azeitona cultivadas em Olive

Explorações agrícolas

2.9.1.Arbequina

A Arbequina é uma variedade de oliveira (Olea europea) que foi introduzida pela Duquesa de Cardona no século XVII, que vivia no castelo-palácio de Arbeca, na Catalunha, daí o nome dado a esta variedade em honra do município onde vivia (Figura 4).

Figura 4 Arbequina.

Características

É uma árvore pequena. Um tamanho que engana, pois à primeira vista parece que não se pode extrair muito sumo do seu interior, mas não é esse o caso. Porquê? Porque é uma das variedades mais gordas. No entanto, tem um caroço grande. Isto significa que o rácio polpa/caroço é baixo. A arbequina caracteriza-se por uma grande resistência ao frio, um vigor muito baixo e uma fraca resistência aos solos calcários. Quanto à sua distribuição, podemos encontrar plantações nas comunidades da Catalunha, Aragão e Andaluzia em Espanha, na zona de Maule no Chile, em La Rioja na Argentina, em Minas Gerais no Brasil e, recentemente, em zonas das serras de Maldonado e Minas no Uruguai. É a base das modernas plantações intensivas, uma vez que o seu baixo vigor permite uma elevada densidade de plantas, chegando a atingir 2000 plantas por hectare em algumas plantações. No entanto, devido à baixa proporção de polifenóis, o seu prazo de validade é limitado. Outra caraterística que o torna inconfundível é a sua aparência. Trata-se de uma azeitona simétrica e esférica. A azeitona arbequina atinge a maturidade quando a sua pele está preta. No entanto, como não estão expostas à oxidação, são colhidas precocemente. Isto significa que são colhidas quando ainda estão um pouco verdes. Este facto garante um sabor frutado.

Utilizações

Para além de ser utilizada como azeitona de mesa, é também utilizada para produzir azeite de alta qualidade. Em geral, os azeites baseados neste tipo de oliveira são mais fluidos e doces, com um final onde o amargor e o picante são pouco perceptíveis (Corral, 2020).

2.9.2. Arbosana

Olea europea var. Arbosana (Figura 5)

Figura 5 Olea europea var. Arbosana

Características

É uma das variedades de oliveiras mais populares atualmente. É originária da região de Penedés, situada entre Barcelona e Tarragona, em Espanha. Devido ao seu vigor reduzido e ao seu elevado rendimento, tornou-se uma das variedades preferidas para a plantação em sebe. Ao contrário de outras variedades, não é muito resistente ao frio e tolera mal os períodos de seca (Aparicio, 2023).

Estas azeitonas são geralmente plantadas em sebe, devido ao seu baixo vigor e à sua elevada produtividade. Por conseguinte, a densidade deste tipo de olival é superior à de outras variedades de azeite. As colheitas da Arbosana são três semanas mais tardias do que as da Arbequina, pelo que uma óptima opção é combinar as duas variedades no mesmo terreno. Este tipo de oliveira é muito regular em termos de produtividade, pelo que tende a produzir a mesma quantidade de azeite época após época e tem muito poucas colheitas alternadas.

Devido à sua produção de mais de 2000 kg de azeite por hectare e ao seu sabor inconfundível, muitas zonas de Espanha e de outros países optaram por esta variedade de oliveira, razão pela qual a expansão do azeite de arbosana não pára de aumentar. Além disso, a sua produtividade é bastante precoce, uma vez que atinge um rendimento ótimo num curto espaço de tempo. Se há algo que caracteriza a oliveira Arbosana é o seu baixo vigor e a sua boa adaptação a plantações superintensivas. Isto deve-se ao facto de esta variedade de oliveira ser muito difícil de destacar.

As oliveiras Arbosana destacam-se pelo seu vigor reduzido, o que as torna ideais para plantações super-intensivas, e em dois anos após a plantação já podem obter colheitas interessantes. Com os devidos cuidados, podem produzir mais de 2 toneladas de azeite por hectare, têm uma excelente capacidade de enraizamento e expansão, ao contrário de outras variedades de oliveiras, a Arbosana tem uma floração mais tardia, resiste bem ao repilo e ao verticillium, mas é um pouco suscetível ao frio e à tuberculose da oliveira.O Supremo Arbosana é um azeite de colheita precoce, extraído a frio por processos mecânicos.

Como já referimos anteriormente, trata-se de uma variedade que não se encontra habitualmente na Andaluzia. No entanto, este azeite é produzido em Jaén e, estando rodeado de oliveiras Picual, obtém nuances muito interessantes. Por este motivo, a sua produção é bastante exclusiva, cerca de 3.000 garrafas por colheita.

Utilizações

A Arbosana é cultivada para a produção de azeite.

O nariz é medianamente frutado, com notas aromáticas herbáceas e frutadas. No entanto, tem um sabor persistente no palato, embora a sua entrada inicial seja bastante suave. É ideal para aqueles que preferem sabores doces, mas com carácter; aqueles que, apesar da sua suavidade, deixam uma marca indelével na memória dos comensais que o experimentam.

2.9.3. Ascolana

Olea europaea var. Ascolana (Figura 6)

Figura 6 Olea europaea var. Ascolana

A cultivar de **oliveira Ascolana Tenera**, também conhecida por Ascolano, é originária do território italiano de Ascoli Piceno, na região italiana de Marche (Marcas). Os principais olivais situam-se na região de Marche, com uma pequena dispersão no centro de Itália. A variedade necessita de solos soltos e frescos de composição calcária para atingir o seu potencial produtivo, a oliveira Ascolana é vigorosa, com hábito de crescimento ereto e elevada espessura de copa, a folha da Ascolana tem forma elíptico-lanceolada e tamanho médio, a variedade de oliveira Ascolana Tenera é resistente ao frio, ao frio, aos solos calcários, à tuberculose e à cochonilha.É particularmente sensível ao ataque da mosca, que é atraída pelo seu grande porte, a planta tem boa capacidade de enraizamento, é uma variedade de azeitona de maturação precoce, tem azeitonas muito grandes (média de 7 gramas). Alguns frutos podem atingir 10 gramas, graças ao seu tamanho, as azeitonas Ascolana são conhecidas internacionalmente. Quando maduras, as azeitonas Ascolana atingem uma cor preta e produzem azeitonas com um rendimento médio (17%). Sensível à mosca. A sua produção diminui se o solo não for adequado. É também resistente a várias doenças da oliveira.

Utilizações: As azeitonas Ascolana são boas para temperar e são uma variedade de azeitona muito apreciada para comer "azeitonas a la ascolana".

2.9.4. Kalamata

Olea europaea var. Kalamata (Figura 7)

Figura 7 Olea europaea var. Kalamata

Características

A árvore é bastante robusta, os seus ramos têm tendência a trepar e as suas folhas são grandes. O peso médio do fruto é de 5 a 6 gramas, o caroço é liso e desprende-se facilmente da polpa. Esta variedade produz oliveiras vigorosas, erectas, moderadamente resistentes ao frio, com produção tardia e abundante e frutos grandes. Ideal para azeitonas pretas em conserva e azeite. As azeitonas de Kalamata são assim chamadas porque eram originalmente cultivadas na região em torno de Kalamata, que inclui a Messénia e a vizinha Lacónia, ambas localizadas na península do Peloponeso. Atualmente, são cultivadas em muitas partes do mundo, incluindo os Estados Unidos e a Austrália. As azeitonas são de cor púrpura escura, carnudas e amendoadas, provenientes de uma árvore que se distingue das outras variedades de oliveira pelo tamanho das suas folhas maiores (Antol, 2004). As árvores são intolerantes ao frio e susceptíveis ao verticillium, mas são resistentes à Pseudomonas savastanoi e à mosca da azeitona, não podendo ser colhidas à mão para evitar contusões. São classificadas como azeitonas pretas.

Utilizações

Podem ser consumidas diretamente como aperitivo ou como parte de outros pratos, como a típica salada grega e outros tipos de saladas, bem como na preparação de pratos cozinhados em que as azeitonas são utilizadas como ingrediente.

2.9.5. Koroneiki

Olea europaea var. Koroneiki (Figura 8)

Figura 8 Olea europaea var. Koroneiki.

Características

É uma árvore de vigor médio, de crescimento aberto e copa densa. Apresenta um ápice pontiagudo e uma base arredondada, com pequenas lenticelas. O osso é pequeno, alongado e assimétrico. Possui folhas elípticas muito particulares, cuja principal caraterística é o facto de serem mais curtas e estreitas, facilmente distinguíveis das outras variedades de oliveira. Trata-se de uma estratégia de adaptação foliar, que lhe permite resistir às condições climáticas das zonas áridas. A sua difusão deve-se à sua adaptação às plantações superintensivas. É uma oliveira menos produtiva do que a Arbequina, pois o seu maior vigor pode ser um problema de adaptação ao quadro superintensivo em solos férteis e com boas condições climatéricas. É uma variedade com uma entrada em produção muito precoce, com uma produtividade elevada, mas um pouco inferior à da Arbequina. A variedade Koroneiki da espécie oliveira é muito resistente aos solos áridos, embora não seja muito tolerante às baixas temperaturas. Por este motivo, difundiu-se com êxito ao longo das costas mediterrânicas, não sendo recomendada acima dos 400 m de altitude. Também é de salientar que são árvores resistentes ao frio, adaptadas a plantações em sebe ou super-intensivas e com pouca alternância, ou seja, têm uma produção constante ao longo dos anos. Embora seja bastante produtiva, não se encontra entre as oliveiras mais produtivas. Esta variedade de azeitona é de maturação precoce, cerca de duas semanas depois da arbequina, e tem um bom rendimento, atingindo em algumas zonas rendimentos entre 18-20%. É uma das azeitonas de maior rendimento.

Utilizações

O fruto é mais oval do que o normal e tem pouca polpa, razão pela qual é utilizado principalmente para a produção de azeite e não para azeitonas comerciais.

2.9.6. Camomila

Olea europaea var. Manzanilla (Figura 9)

Figura 9 Olea europaea var. Manzanilla

Características

A oliveira Manzanilla Sevillana é uma variedade de azeitona de mesa por excelência. É cultivada tanto em Espanha, onde ocupa uma superfície de cerca de 100 000 hectares, como noutros países, como Argentina, Austrália, Israel, Portugal e Estados Unidos, onde a variedade de azeitona Manzanilla de Sevilla é conhecida como Manzanillo Olive. Os seus frutos são pesados, esféricos e simétricos. O ápice é arredondado e a base é truncada. O caroço é pesado, ovoide e simétrico. É de vigor reduzido, entrada em produção precoce, produtividade elevada e alternada. As suas exigências culturais são algo exigentes, sobretudo fora da sua área de origem. É sensível ao frio, à asfixia radicular e à clorose férrica, ao verticillium e à tuberculose.

Utilizações

É a variedade de azeitona mais difundida para a mesa. As excelentes características da sua polpa e a facilidade de extração do caroço fazem dela a principal variedade para tempero, tanto verde como preta. É a variedade de mesa mais apreciada, é também utilizada para o azeite, mas o seu rendimento é baixo, no entanto é de grande qualidade e estabilidade.

2.9.7. Oliveira Picual

Olea europaea var. Olivo Picual (Figura 10)

Figura 10 Olea europaea var. Picual

Características

É uma árvore de vigor médio, hábito de crescimento aberto e copa espessa, de peso médio, ovoide e assimétrica. Ápice arredondado e base truncada. Lenticelas abundantes. O fruto é preto quando maduro, o caroço é pesado, elíptico e assimétrico, com uma superfície rugosa.

Tem uma produção elevada, com pouca alternância quando bem cultivada. É de maturação precoce e com baixa resistência ao desprendimento de frutos. É muito rústica, pelo que se adapta a muitos tipos de solos e climas, resistente ao frio e à salinidade. É uma variedade tolerante à tuberculose, mas muito sensível à murchidão. Nas zonas susceptíveis à murchidão, é muito importante analisar o solo antes da plantação.

A oliveira picual é amplamente plantada devido ao seu elevado rendimento em gordura, maturação precoce, facilidade de cultivo e elevada qualidade do azeite. A oliveira da variedade picual é uma árvore robusta, com ramos curtos e que se adapta a qualquer tipo de solo, embora seja sensível aos períodos de seca. A oliveira Picual, a variedade mais importante em Espanha, tem excelentes características para a produção de azeite (azeitona de alto rendimento, elevada capacidade produtiva, fácil libertação). É o tipo de oliveira (Olea Europea Sativa) mais presente no olival andaluz e é a azeitona mais cultivada em Espanha. A sua superfície de cultivo tem vindo a aumentar e representa atualmente cerca de um milhão de hectares de olival. A principal zona de cultivo é Jaén, onde mais de 90% das oliveiras plantadas pertencem à variedade Picual. Nas províncias andaluzas de Córdova, Granada e Sevilha, também se regista uma importante extensão da cultura.

A sua área de cultivo continua a expandir-se, embora não se adapte aos olivais em sebe, é regular, produtiva e mais fácil de colher do que outras variedades.

A sua origem mais provável é em Espanha, no entanto, são variedades muito antigas que não nos permitem ter a certeza do seu século ou da sua zona exacta de origem.

Esta oliveira é também conhecida por outros nomes: Nevadillo, Nevadillo Blanco, Marteño, Lopereño, Corriente, Andaluza, Picúa, Blanco, Fina, Morcona, Jabata, Nevado, Nevado blanco, Nevado Lopereño, Salgar e Temprana.

O nome "Picual" deve-se à forma bicuda desta variedade de oliveira. A variedade é também popularmente conhecida pelo nome de Nevadillo Blanco, devido ao facto de a sua folha ser esbranquiçada em comparação com a variedade de oliveira Nevadillo Negro.

Trata-se de uma variedade de oliveira com excelentes características. Foi e continua a ser a variedade de azeitona mais rentável para a olivicultura tradicional. É uma variedade que entra em produção cedo e é altamente produtiva. Com rega de apoio e poda adequada, leva cerca de 5-6 anos a produzir boas colheitas. Tem uma boa indução floral, aspeto que a torna uma variedade de azeitona pouco vizinha. Pode alternar colheitas altas com colheitas médias ou boas colheitas se os cuidados com a oliveira Marteño forem adequados.

A variedade Picual tolera bem a tuberculose e é menos palatável à mosca da azeitona do que outras variedades. No entanto, a sua folha é sensível ao fungo repilo e é atacada por pragas do género Prays e Cochonilha. Propaga-se facilmente por estaca ou em viveiro por nebulização (estacaria). É por isso que os viveiros de oliveiras podem vender mudas de Picual a um bom preço.

A azeitona produzida pela oliveira Nevadillo Blanco tem uma forma elíptico-assimétrica e atinge a maturidade quando a pele está preta, tem uma relação polpa/ caroço média-alta e o pedúnculo da azeitona Picual é muito pequeno.

As azeitonas Picual têm um elevado rendimento em azeite. O rendimento em azeite depende do estado nutricional da oliveira, do nível de carga, do estado de maturação das azeitonas e da azeitona e das condições climatéricas da zona de cultivo. O rendimento em gordura da azeitona Picual é geralmente superior a 20%.

Tem uma fraca resistência ao desprendimento, aspeto que facilita a colheita. Mesmo assim, mantém-se bem na oliveira, sem cair facilmente no chão.

Trata-se de uma variedade produtiva, com pouca influência do envelhecimento da oliveira. O azeite Picual é estável e tem boas características. Fácil de colher e de multiplicar vegetativamente.

Utilizações:

A variedade de azeitona Picual é utilizada para a produção de azeite. A sua qualidade para azeitona de mesa é muito inferior à de variedades como a Manzanilla Cacereña.

2.9.8. Taggiasca

Olea europaea var. Taggiasca (Figura 11)

Figura 11

Olea europaea var. Taggiasca

Características:

Árvores de grande porte, de elevado vigor, de crescimento aberto, com copa medianamente densa. Adaptada a zonas mais litorais ou mais altas. Possui folhas elíptico-lanceoladas e de tamanho médio, é sensível ao frio e à seca. A planta tem uma fraca capacidade de enraizamento. Adapta-se bem a diferentes condições, tanto perto do mar como em zonas de maior altitude. Destaca-se pelas suas boas características produtivas e pela elevada valorização do azeite e da azeitona produzidos, é de entrada precoce em produção e de elevada produção, obtendo produções regulares. Tem uma floração média e o seu pólen é parcialmente auto-incompatível. A oliveira Taggiasca (também conhecida por Taggiasche olive) é uma variedade de oliveira muito apreciada pela azeitona e pelo azeite, de vigor elevado e porte aberto, com copa medianamente densa. As folhas são elíptico-lanceoladas e de tamanho médio. Esta variedade entra em produção cedo e tem um rendimento elevado. Produz rendimentos regulares, floresce numa época média e o seu pólen é parcialmente auto-incompatível. Apesar do seu pequeno tamanho (menos de 2 gramas), as azeitonas Taggiasca são apreciadas pelo seu bom gosto. São elípticas, simétricas e não têm caroço. As azeitonas amadurecem tardiamente e, quando maduras, tornam-se castanho-escuras.

Utilizações

A variedade de azeitona Taggiasca é utilizada tanto para a produção de azeite (elevado rendimento e elevada capacidade produtiva) como para azeitona de mesa, sendo apreciada pelo seu excelente sabor.

METODOLOGIA

A investigação foi efectuada na Olive Land Farms, no norte da Florida, situada na pequena cidade de Hastings 32145 (figura 12). Faz parte da região sul dos Estados Unidos, limitada a oeste pelo Golfo do México e o Alabama, a norte pelo Alabama e a Geórgia, a leste pelo Oceano Atlântico e a sul pelo Estreito da Florida.

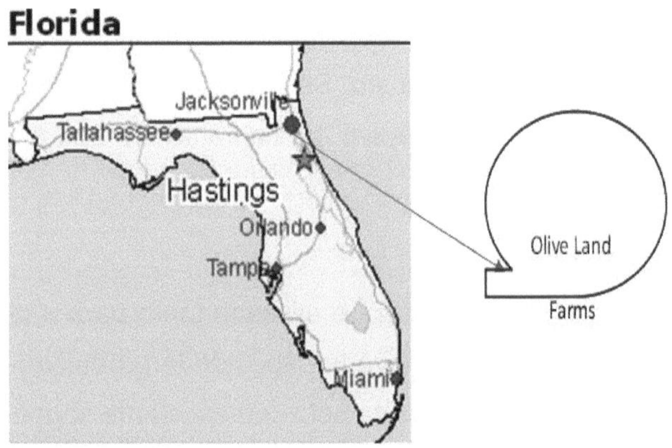

Figura 12 Localização geográfica da zona de estudo

Características edafoclimáticas

A Florida é morfologicamente uma vasta planície, coberta por solos sedimentares calcários, situada a poucos metros acima do nível do mar e caracterizada por uma drenagem deficiente que favorece o desenvolvimento de zonas pantanosas. Está provida de lagos de origem cársica, incluindo o Lago Okeechobee, o segundo maior lago dos Estados Unidos, situado a quatro metros acima do nível do mar (m.a.s.l.) e com 4-5 m de profundidade. O clima é tropical, com duas estações de igual duração: a estação seca (dezembro a abril), com pouca precipitação e temperaturas elevadas, e a estação das chuvas (maio a novembro), com precipitações da ordem dos 1000-1650 mm de chuva por ano, caracterizada por furacões frequentes no período entre o final do verão e o início do inverno. As temperaturas máximas médias em julho rondam normalmente os 32-34 °C. As temperaturas mínimas médias em janeiro variam entre 4-7 °C no norte da Florida e mais de 16 °C de Miami para sul. Com uma temperatura média diária de 21,5 °C, é o estado mais quente dos Estados Unidos.

A precipitação ocorre mais frequentemente sob a forma de chuva, muitas vezes torrencial. É um estado muito propenso a tempestades e vulnerável aos furacões que entram pelo Mar das Caraíbas de junho a novembro (United States National Arboretum, SA). A paisagem plana da Flórida é coberta por uma rede de mais de 1 700 cursos de água e dezenas de milhares de lagos (sobretudo na região central). Os solos são argilosos com tendência para reter a humidade e o subsolo é rico em nutrientes, o que os torna úteis para fins agrícolas, embora possam deteriorar-se rapidamente quando sofrem erosão (Terrasa, 2019).

3.1. Metodologia utilizada

Para o desenvolvimento da investigação, foi realizado um diagnóstico com o objetivo de analisar o estado atual do olival e a sua afetação pelas condições de encharcamento do terreno, onde se analisou o comportamento da cultura e a sua adaptação às diferentes situações. Foram plantadas oito variedades de oliveiras numa área total de 1,15 ha com uma armação de plantação de 3 x 3 m e foram recolhidos dados sobre a variedade e a altura das plantas. Além disso, foram propostas medidas para contribuir para a mitigação dos danos causados pelo encharcamento, com base na metodologia apresentada por Savé

(2016). Foi utilizado um delineamento inteiramente casualizado. Foi determinada a relação entre a variedade e o estado da planta (sã e com amarelecimento ou asfixia radicular), tendo sido aplicada uma análise de tabelas de contingência e o teste de significância estatística Qui-quadrado de Pearson para determinar se existem diferenças estatisticamente significativas entre as duas variáveis. Além disso, foi efectuada uma análise de variância de um fator para comparar a média dos grupos de altura em relação à variedade, utilizando o teste post hoc de Tukey ($p<0,05$). A análise estatística dos dados foi processada no software SPSS ver. 23 para Windows.

RESULTADOS E DISCUSSÃO

O diagnóstico efectuado corroborou que o nível de encharcamento das áreas agrícolas e a falta de arejamento do solo estão a afetar o desenvolvimento da cultura da oliveira (figuras 13 e 14).

Figura 13 Zona alagada

Figura 14 Plantação de Olea europeae var. Arbequina em solos encharcados.

Durante a visita à área, as principais manifestações detectadas nas plantas foram a presença de folhas inferiores mortas, plantas com estagnação ou crescimento reduzido e falta de vigor, asfixia radicular e plantas com folhas amareladas (figura 15).

Figura 15 Plantação de Olea europeae var. Arbequina com
amarelecimento

Resultados semelhantes foram obtidos por Arquero e Serrano (2020), que corroboraram que condições prolongadas de encharcamento ou de elevado teor de humidade do solo podem causar danos devido à asfixia radicular (oxigenação deficiente das raízes), podendo mesmo levar à morte da árvore.

Os problemas do solo estão geralmente relacionados com a falta de água, no entanto, um excesso de humidade pode danificar drasticamente as culturas. É o que acontece normalmente na cultura da oliveira durante a estação das chuvas, a água acumula-se nas parcelas e se o solo não for bem drenado, ocorrem condições de anoxia (falta de oxigénio) no sistema radicular e em poucos dias as folhas ficam amarelas e o seu crescimento é notoriamente reduzido.

Estes resultados coincidem com os de García-Ruiz et al. (2020), que afirmam que, nos últimos anos, as novas plantações de oliveiras têm proliferado em solos planos com um elevado teor de argila, onde os danos por asfixia radicular ocorrem após períodos de chuva intensa. Como o sistema radicular está menos desenvolvido, a mortalidade por asfixia é maior nas árvores jovens.

Além disso, a estrutura do sistema radicular varia de acordo com o tipo de propagação do material. As plântulas têm uma raiz axial nas fases iniciais de desenvolvimento (Guerrero, 2003); no entanto, em plantações comerciais, a maioria das árvores é obtida através do enraizamento de estacas. A profundidade, a propagação lateral e o grau de ramificação dependem do tipo e das características do solo, incluindo o teor de água e a capacidade de arejamento (Barranco et al., 2008). O excesso de humidade no solo, longe de produzir benefícios, pode acabar por sufocar as raízes da oliveira. Estas raízes podem ser uma fonte de podridão onde os fungos se desenvolvem facilmente.

A sensibilidade das oliveiras ao encharcamento depende da variedade, embora a tolerância seja geralmente baixa. No entanto, a oliveira pode recuperar rapidamente se o encharcamento for temporário (Figura 16).

Figura 16 Plantação de Olea europeae var. Arbequina

Análise da influência do encharcamento na variedade.

Na avaliação estatística dos resultados de acordo com a análise da tabela de contingência e o teste de significância estatística Qui-quadrado de Pearson, verificou-se que não há relação entre as variedades e o estado da planta (sadia e com amarelecimento). Assim, infere-se que o estado das plantas é diretamente influenciado pelas condições de encharcamento do solo (médio, baixo e prolongado), no entanto, verificou-se que o período prolongado de encharcamento influencia negativamente o desenvolvimento de algumas variedades de oliveira. As variedades mais afectadas pelas condições de encharcamento foram a Arbequina e a Arbosana. O excesso de humidade no solo, longe de produzir benefícios, pode acabar por sufocar as raízes da oliveira. Estas raízes podem ser uma fonte de podridão, onde os fungos se desenvolvem facilmente. A sensibilidade da oliveira ao encharcamento depende da variedade, embora, regra geral, a sua tolerância seja baixa. No entanto, a oliveira pode recuperar rapidamente se o encharcamento for temporário. Neste sentido, a resistência à humidade nas oliveiras é influenciada por vários factores, incluindo o clima e as características genéticas da planta. Estes factores interagem entre si e podem determinar a capacidade de uma oliveira sobreviver e prosperar em condições de humidade. Os extremos de temperatura e o excesso de precipitação são desafios importantes a considerar na seleção de variedades.

Da mesma forma, os resultados qualitativos obtidos são semelhantes aos de Bernal Martínez (2017), que destaca que os traços da variedade são altamente hereditários e conservados e, portanto, pouco afetados pelas condições ambientais e pelo manejo agronômico. Esses resultados diferem dos obtidos por Moraima e Ferreres, (2002), em um estudo com Albizia lebbeck, Lysiloma latisiliquum e P. piscipula durante dois meses de alagamento, onde não foram mostradas diferenças significativas na altura das mudas). Um período em que um bom estado hídrico deve ser especialmente assegurado é do abrolhamento à floração, uma vez que é quando ocorre o crescimento máximo dos rebentos, e o crescimento vegetativo é um dos parâmetros mais sensíveis ao stress hídrico. Tanto o nível de hidratação na primavera como a taxa de desenvolvimento do stress hídrico são decisivos para o crescimento vegetativo, o desenvolvimento e a fisiologia da cultura. A análise de variância de um fator permitiu comparar as médias dos grupos de altura em relação à variedade, com o teste post hoc de Tukey (p<0,05 (Quadro 1).

Tabela 1. Análise de variância de um fator (variedade-altura)

Grupos HSD de Tukeya	Média	Desvio	
V1 Arbequina	1.227	0.005	**
Grupos	Média	Desvio	HSD Tukeya
V1 Arbequina	1.227	0.005	**
V2 Arbosana	0.995	0.024	NS
V3 Ascoian	1.065	0.049	NS
V4 Kaiamata	1.0 2	0.014	NS
V5 Koroneiki	1.029	0.017	NS
V6 Manzaniiia	0.914	0.090	**
V7 Picuai	1.05	0.045	NS
V Taggiasca	0.941	0.023	**

Os resultados mostram que a variedade Arbequina é a que apresenta a maior diferença significativa entre todas as variedades investigadas. Resultados semelhantes são corroborados por Balam (2023) quando afirma que a variedade Arbequina é reconhecida pela sua elevada resistência e produtividade, é uma planta que tem uma excelente resistência ao frio, à salinidade e a doenças como o repilo e a tuberculose, podendo ser sensível ao verticillium, e à clorose em solos muito calcários, mas em geral tem uma rusticidade bastante interessante e características que lhe permitem adaptar-se a múltiplas circunstâncias edafo-climáticas.

Tabela 2. Resumo da análise de variância de um fator, teste post hoc de Tukey (p<0,05).Altura

Origem das variações	Soma de quadrados	Graus de liberdade	Quadrados médios	F	Probabilidade
Entre grupos	0.6524	7	0.093	2.776	0.013
Dentro dos grupos	2.4171	72	0.034	-	-
Total	3.0695	79	-	-	-

Ao analisar a variedade em relação à altura da planta, verificou-se que existe uma relação entre as duas variáveis. Resultados semelhantes foram obtidos por Grijalva-Contreras et al., (2009) e Santos et al; (2024) que afirmam que a taxa de crescimento das oliveiras é bastante lenta em comparação com outras árvores. Em média, uma oliveira adulta pode crescer entre 5 e 20 centímetros por ano, embora isso dependa de vários factores, como as condições climáticas, o tipo de solo, a disponibilidade de água e a quantidade de sol que recebe. A altura destas árvores varia em função de diferentes factores.

Em média, uma oliveira adulta pode atingir uma altura de 5 a 10 metros, mas há casos excepcionais em que foram registadas oliveiras com alturas até 20 metros.

A altura de uma oliveira depende de vários factores, como o tipo de oliveira, a sua idade, o clima em que se encontra e as técnicas de cultivo utilizadas. Em geral, as oliveiras jovens têm uma altura mais baixa, enquanto que à medida que crescem podem atingir o seu tamanho máximo.

Para além da altura total da árvore, é importante notar que a altura da copa da oliveira também pode ser relevante, dependendo do tipo de cultura que está a ser cultivada. Algumas culturas exigem que a copa esteja a uma altura acessível para a colheita dos frutos, enquanto noutros casos a copa pode crescer mais livremente.

A "azeitona" é cultivada para a produção de azeite e/ou azeitona de mesa, com uma elevada diversidade genética (Dridi et al., 2018; León et al; 2021). Por conseguinte, a indústria da azeitona requer cultivares com resistência adaptativa, especialmente em relação às áreas expostas ao encharcamento como efeito das alterações climáticas.

4.1. Proposta de medidas para atenuar os danos causados às culturas pelo alagamento

Os eventos de catástrofe associados à chuva ou à falta dela, independentemente das considerações actuais sobre as repercussões das alterações climáticas em termos de aumento de intensidade e frequência, têm um impacto de danos e perdas que não são apenas explicados pela quantidade de água e pelas condições orográficas do território, mas também pelos elementos de produção, infra-estruturas, pessoas e bens expostos, numa dinâmica de desenvolvimento com múltiplos factores ambientais, económicos e sociais que nos tornam vulneráveis.Neste sentido, é possível melhorar a resistência das plantas a esta adversidade, como a enxertia de variedades em porta-enxertos mais tolerantes, no caso das árvores de fruto. Da mesma forma, a micorrização tem mostrado bons resultados na melhoria da retenção foliar e da absorção de nutrientes em plantas encharcadas.

Além disso, a aplicação foliar de nutrientes e fitohormonas prolonga a tolerância das culturas às condições de alagamento. De um modo geral, deve evitar-se a plantação de culturas que não tolerem a hipoxia radicular perto de rios, massas de água e locais com vales baixos, recorrendo, em vez disso, à drenagem funcional ou à lavoura com subsoladores profundos em terrenos bem nivelados. Outra possibilidade é plantar as plantas em cumeadas ou instalar valas profundas entre as filas de plantas (por exemplo, na papaia ou na banana) em locais propensos a inundações.

Os fenómenos extremos devidos ao encharcamento continuarão a aumentar, mesmo em locais onde não eram esperados anteriormente, pelo que é necessária uma abordagem multifacetada. De um modo geral, para tentar melhorar a adaptação das diferentes variedades de oliveira às condições de encharcamento, são propostas as seguintes medidas

Criação de sistemas de drenagem:

Instale sistemas de drenagem, tais como valas de drenagem, tubos perfurados ou poços de drenagem. Estes sistemas ajudarão a desviar o excesso de água e a manter o solo num estado saudável para as plantas.

Figura 17 Sistemas de drenagem (valas).

O sistema de canais de drenagem será complementado por um sistema mais amplo de drenos, sulcos, valas e canais colectores que canalizam toda a água das extensões maiores até à sua descarga num recetor (lago). A profundidade da drenagem depende da altura do lençol freático, da altura máxima prevista da água durante a inundação, bem como do tipo de cultura.Seleção de espécies e variedades mais resistentes à inundação (culturas resistentes à inundação) e manutenção de um bom estado fitossanitário das plantações.Seleção de espécies, considerando espécies resistentes à inundação e manutenção de um bom estado fitossanitário das plantações. Estas medidas visam reduzir a vulnerabilidade das culturas aos danos causados pelas inundações. Os danos causados pelas inundações são proporcionais a vários factores, sendo os mais importantes a espécie e a duração das inundações. Em muitos casos, as inundações não causam a morte da cultura, mas reduzem o seu crescimento e atrasam ou encurtam a sua produção. É nestes casos que uma gestão adequada pode contribuir eficazmente para reduzir os danos.

Utilização de cobertura do solo e lavoura mínima

As coberturas de solo são práticas de gestão para limitar a erosão do solo causada por chuvas fortes, podem também servir como reservatório de fauna útil e ajudar no controlo de pragas na exploração agrícola, no entanto, devem ser geridas corretamente para não competirem pelos recursos hídricos com a cultura nos momentos de maior necessidade.

Na olivicultura, na última década, a utilização do coberto vegetal foi introduzida e alargada como prática cultural. Concretamente, o aumento da área de olival com coberto vegetal neste período foi de 2,93,158 ha (ESYRCE 2007 e 2017), 11% do total do olival.

Ao contrário de outras práticas culturais, a utilização de coberturas vegetais nos olivais está associada a uma multiplicidade de efeitos ambientais positivos, como a redução da erosão do solo, o aumento da biodiversidade, o aumento da matéria orgânica no solo, a redução das emissões líquidas de gases com efeito de estufa e a melhoria da qualidade estética da paisagem.

Criação de zonas de inundação temporárias controladas

Uma das medidas que podem ser aplicadas para minimizar os danos causados pelas cheias é a criação de zonas de cheias temporárias controladas. Estas zonas de inundação controlada temporárias são muito úteis nos casos em que o sistema de diques de proteção contra inundações é ultrapassado pelas águas das cheias, altura em que os diques ultrapassados se tornam contraproducentes.

Controlo de doenças

A incidência e a gravidade da maioria das doenças que afectam os olivais são favorecidas em condições de elevada humidade e temperaturas elevadas. Por conseguinte, após períodos prolongados de chuva, é de esperar uma elevada incidência de doenças, tanto no solo como na parte aérea da planta.

Doenças do solo:

Verticillium dahliae.

A Verticillium é atualmente considerada a doença mais grave que afecta os olivais, devido aos danos significativos que provoca e, sobretudo, à sua difícil luta e rápida propagação. Podem distinguir-se dois tipos diferentes de síndromas, um que provoca uma secagem rápida dos rebentos e ramos, podendo levar à morte da árvore, e outro que provoca uma decomposição lenta, caracterizada por necrose e mumificação das inflorescências que permanecem agarradas aos rebentos. Podridão radicular (Phytophthora spp., Fusarium spp., Armillaria spp., Phythium spp.) Não existem métodos de luta específicos eficazes. A presença destes fungos está associada a um elevado teor de humidade no solo, pelo que são aconselháveis as mesmas medidas que para evitar a asfixia radicular.

Doenças da parte aérea:

Repilo (Spilocaea oleagina)

Este fungo produz lesões na folha e no fruto, provocando a sua queda. Quando afecta o fruto, este murcha e deforma-se, pois o crescimento pára na zona afetada. O controlo eficaz pode ser conseguido através da aplicação foliar de fungicidas cúpricos no momento certo e na quantidade adequada.Tuberculose (Pseudomonas savastanoi pv. Savastanoi) Esta bactéria pode provocar a morte de ramos e rebentos, bem como um enfraquecimento progressivo da árvore, embora seja muito difícil que a planta morra. Verifica-se uma perda de colheita, uma vez que o número de frutos e o seu tamanho diminuem. As azeitonas provenientes dos ramos afectados apresentam um cheiro desagradável e um sabor azedo, amargo e rançoso, dando origem a azeites com condições organolépticas de menor qualidade. A luta contra esta doença deve ser essencialmente preventiva, utilizando variedades pouco sensíveis, limitando as feridas e reduzindo as populações epífitas da bactéria. Em qualquer caso, recomenda-se tratar em caso de granizo ou outro tipo de acidente que provoque feridas na planta, com produtos que tenham uma ação bactericida.

CONCLUSÕES

A cultura da oliveira na Olive Land Farms foi afetada pelo encharcamento, apresentando diferenças significativas na altura das plantas. São propostas medidas como a criação de sistemas de drenagem, trabalhos culturais adequados, seleção de espécies e variedades com maior resistência ao alagamento, bem como a criação de zonas de alagamento temporário controlado e o controlo de doenças para atenuar os danos causados pelo alagamento na cultura da oliveira.

* Antol, MN (2004). The Sophisticated Olive: The Complete Guide to Olive Cuisine. Garden City Park, NY: Square One Publishers. pp.37. ISBN 978-0-7570-0024-9. (registo obrigatório). "Azeitona Kalamata.

* Aparicio, A, C., & Cordovilla, D. (2023). Azeitona (Olea europaea L.) e stress salino. Importância dos reguladores de crescimento. Universidade de Jaén. Faculdade de Ciências Experimentais.

* Arquero, O; Serrano, N (2020). Recomendações para olivais com problemas de inundação. Disponível em: https://www.juntadeandalucia.es/agriculturaypesca/ifapa/servifapa/registro - servifapa/b174a396-bbd7-4daf-942f-e15eaefa34ae

* Balam, A, (2023). Características da oliveira Arbequina. Retirado de https://balam.es/

* Barranco, Navero D; Fernández, Escobar R; Rallo, Romero L. 2017. El cultivo del olivo 7ª ed. Editorial Mundi-Prensa.

* Barranco, Navero D. (2008). Variedades e porta-enxertos. In: Barranco, D.; Fernández- Escobar, R.; Rallo, L. eds. El cultivo del olivo. Madrid, Mundi-Prensa. pp. 84-86.

* Bernal Martínez, J. 2017. Caracterização morfológica e molecular de variedades italianas de azeitona (Olea europaea L.) instaladas no jardim de introdução do INIA Las Brujas. Tese de doutoramento. Faculdade de Agronomia, Universidade da República. Montevidéu - Uruguai.

* Camacho Alonso, G. (2019). Efeitos fisiológicos (ensaio em Carpio del Tajo-Toledo) e espectrais (ensaio em Chozas de Canales-Toledo) de diferentes doses de irrigação deficitária em olivais superintensivos (Arbequina). Universidade Politécnica de Madrid Faculdade de Engenharia Agronómica, Alimentar e de Biossistemas. Universidade

Politécnica de Madrid. Disponível em:
https://oa.upm.es/56916/1/TFG_GEMA_MARIA_CAMACHO_ALONSO.p
df

•Corral, M (2020). "Azeite virgem extra: propriedades e benefícios do nosso 'ouro líquido' Editorial. El Español.com

•Díaz, C.; Moral, J.; Barranco, D.; Rallo, L. 2016. Diversidade genética e conservação dos recursos genéticos da azeitona. In: Ahuja, M. R.; Mohan Jain, S. eds. Genetic diversity. and erosion in plants, sustainable development and biodiversity. s.l., Springer. pp. 337-356.

•Doménech, 2020. Estratégias de adaptação dos olivais da região de Serranos (Valência) face às alterações climáticas. Universidade Politécnica de Valência. Escola técnica superior d'enginyeria agronòmica i del medi natural. Mestrado em economia agroalimentar e ambiental.

•Dridi, J.; M. Fendri; C. M. Breton & M. Msallem. 2018. Caracterização de progênies de azeitona derivadas de um programa de melhoramento da Tunísia por características morfológicas e marcadores SSR. Scientia Horticulturae, 236, 127- 136.

•Referências ESYRCE (2007): Inquérito sobre a superfície e o rendimento das culturas. Ministerio de Medio Ambiente Medio Rural y Marino.
https://www.mapama.gob.es/es/estadistica/temas/estadisticasagrarias/bol etin200 7_tcm30-122323.pd

•ESYRCE (2017): Inquérito sobre a área e os rendimentos das culturas. Ministério da Agricultura, Pescas e Alimentação
https://www.mapama.gob.es/es/estadistica/temas/estadisticasagrarias/bol etin201 7sm_tcm30-455983.pdf.

•Fischer, Gerhard (2021). O aumento das inundações causadas pelas alterações climáticas afectará as nossas culturas. Revista Facultad Nacional de Agronomía Medellín, 74(3), 9619-9620. Epub 26 de setembro de 2021. Recuperado em 02 de maio de 2024. De. Disponível em : http://www.scielo.org.co/scielo.php?script=sci_arttext&pid=S0304-28472021000309619&lng=en&tlng=en.pdf.

• García Ruiz, R Torrús C e Calero G (2020). O olival e a sua adaptação às alterações climáticas. Disponível em: file:///H:/Grandes-cultivos/Articulos/302564-El-olivar-y- su-adaptacion-al-cambio-climatico.html

• Granitto , Ylenia (2016). Produção sustentável de azeite ajuda a mitigar as alterações climáticas. Disponível em: Produção sustentável de azeite ajuda a mitigar as alterações climáticas - Olive Oil Times.

• Grijalva-Contreras, R.L., MacíasDuarte, R., López-Carvajal, A., & Robles Contreras, F. (2009). Produtividade de cultivares de oliveira para azeite (olea europea l.) em condições desérticas em Sonora. Biotecnia, 11(2), https://doi.org/10.18633/bt.v1 1i2.60.

• Guerrero García, A. 2003. Implantação de olivais. Olivicultura nova. 5ª ed. rev. e aumentada. Madrid, Mundi-Prensa. 304 p.

• León, L.; D. Casanova; J. Palma & J. González. 2021. Caracterização agromorfológica de plantas-mãe do banco de germoplasma de "oliveira" (Olea europaea (Oleaceae) na região de Tacna. Arnaldoa 28(3): 593-612 doi: http://doi.org/10.22497/arnaldoa.283.28307

• Lifeder (2023). Oliveira. Retirado de: https://www.lifeder.com/olivo-olea-europaea/.

• Lorite IJ, Gabaldón-Leal C, Santos C, Cruz-Blanco M, León L, Porras R, Belaj A, de la Rosa R. 2019. Impacto das alterações climáticas na agricultura andaluza: olivais. Instituto de Investigação e Formação Agrária e Pesqueira. Ministério da Agricultura, Pescas e Desenvolvimento Rural. Junta de Andalucía.

• Penco, JM, 2019. Olivar y Cambio Climático: Impacto del Cultivo del Olivo sobre el Cambio Climático. Efeito das alterações climáticas na estabilidade do mercado do azeite em Espanha. Conferência Olival e Alterações Climáticas. Beja Portugal.

•Rossi, L. (2023). Levantamento de azeitonas da Flórida para produção comercial em pequena escala. Rev. Oleoteca. Disponível em :https://www.oleorevista.com/texto-diario/mostrar/4202881/uf-ifas-prueba-olives-florida-determine-possible-commercial-industry

•Salgado, C A ; Avilés C D;. Martín, A D; Otero Cabeza D; Prieto, LI; González,OJ; Soler, G V(2019). Directrizes para a adaptação ao risco de inundação: explorações agrícolas e pecuárias. Centro de Publicações do Secretariado Técnico Geral do Ministério da Transição Ecológica. Catálogo de Publicaciones de la Administración General del Estado: http//publicacionesoficiales.boe.es NIPO: 638-18-028-4. Disponível em: file:///D:/Olivos/guia-adaptacion-al-risgo-risgo-inundacion- explotaciones-agricolas-ganaderas_tcm30-503727.pdf

•Santos E, Orestes, Valdés Reinoso, R. H., & Castillo Edua, B. R. (2024). Cultivo de azeitonas na Flórida, uma alternativa para a adaptação às mudanças climáticas. Avances, 26(1), 72-90. http://avances.pinar.cu/index.php/publicaciones/article/view/805

•Savé, R. (2016). Medidas de adaptação às alterações climáticas nos olivais. Os olivais e as alterações climáticas. Jornada Olivar y Cambio Climático. Ministério da Agricultura, Pescas e Alimentação.

•Oleas G, (2023). Cuanto tarda en crecer un olivo en el mediterráneo, Disponível em https://www.ginartoleas.com

•Tapia C, F; Ibacache, F; Astorga, M. (2002). Manual de olivicultura. Clima e solos necessários. Disponível em: file://C:/Users/Desktop/Olivos/NR30540.pdf

•Terrasa, D. (2019). Flórida: geografia física. O Guia, Geografia. Disponível em: https://geografia.laguia2000.com/geografia-regional/florida-geografia-fisica.

•Arboreto Nacional dos Estados Unidos. Zonas de resistência da Flórida. Distrito de Gestão da Água do Rio St Johns. Acedido em 11 de março de 2023.

Buy your books fast and straightforward online - at one of world's fastest growing online book stores! Environmentally sound due to Print-on-Demand technologies.

Buy your books online at
www.morebooks.shop

Compre os seus livros mais rápido e diretamente na internet, em uma das livrarias on-line com o maior crescimento no mundo! Produção que protege o meio ambiente através das tecnologias de impressão sob demanda.

Compre os seus livros on-line em
www.morebooks.shop

Printed by Books on Demand GmbH, Norderstedt / Germany